Le Docteur *FAVROT*

MAHOMET

LES SCIENCES CHEZ LES ARABES

Prix : 1 franc.

PARIS

LIBRAIRIE INTERNATIONALE

15, BOULEVARD MONTMARTRE

A. LACROIX, VERBOECKHOVEN & C', ÉDITEÙRS

à Bruxelles, à Leipzig et à Livourne

1866

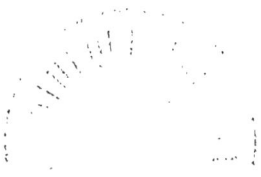

MAHOMET

PARIS. — IMPRIMERIE POUPART-DAVYL ET COMP., RUE DU BAC, 30

LE DOCTEUR FAVROT

MAHOMET

LES SCIENCES CHEZ LES ARABES

PARIS

LIBRAIRIE INTERNATIONALE

15, BOULEVARD MONTMARTRE

A. LACROIX, VERBOECKHOVEN & Cᵉ, ÉDITEURS

à Bruxelles, à Leipzig et à Livourne

—

1866

Tous droits de traduction et de reproduction réservés

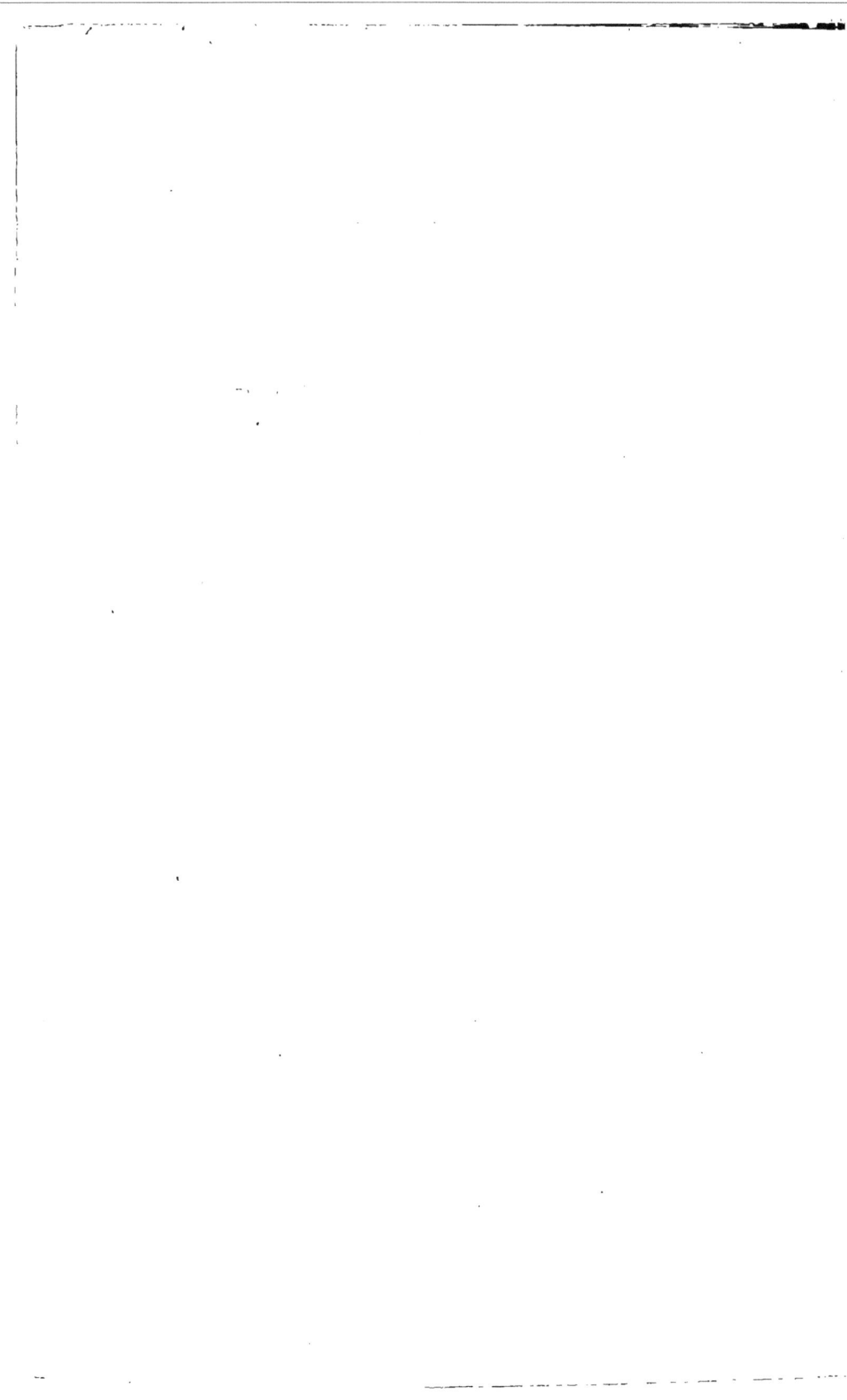

MAHOMET

ET LES ARABES

On s'est beaucoup occupé dans ces
derniers temps de Mahomet et de la religion qu'il a fondée. M. Barthélemy
Saint-Hilaire dans le *Journal des savants,* M. Ch. de Rémusat dans la *Revue
des Deux Mondes* (septembre 1865), ont
publié une série d'articles fort remarquables, où pleine justice est rendue à ce législateur inspiré qui donnait à sa patrie
une religion spirituelle, l'unité nationale,
et un gouvernement, en n'invoquant jamais que la raison et en rejetant loin de

1

lui cette série de miracles au milieu desquels les anciens cultes ont été imposés à l'humanité.

« Mahomet, dit M. de Rémusat, est
« un grand homme ; s'il y eut un temps
« où c'était hardiesse de le dire, le pa-
« radoxe serait aujourd'hui d'en douter ;
« M. Saint-Hilaire n'hésite pas à en faire
« un des plus grands, même un des
« meilleurs. Après les recherches aux-
« quelles il s'est livré, après les autori-
« tés dont il s'est appuyé, on hésiterait
« à en appeler de son jugement. »

En lisant cette appréciation de deux écrivains aussi distingués, j'ai été frappé de cette réflexion que leurs idées n'étaient point nouvelles ; qu'elles nous avaient été développées, il y a bien des années, par un de nos professeurs d'histoire les plus aimés. Voulant en avoir le cœur net, j'ai relu l'*Histoire des Arabes* de M. Sédillot. Non-seulement M. Sédillot a jugé Mahomet et le Coran avec la même indépendance que les deux illustres académiciens, mais il y a encore ajouté des considérations qui auraient complété admirablement le travail qu'ils nous ont donné.

S'indignant de l'état de barbarie où sa patrie restait plongée, rêvant pour elle une organisation autre que celle à laquelle il la voyait presque irrévocablement condamnée, Mahomet, au milieu des plus cruelles épreuves, surmonta tous les obstacles ; mais le moment de son triomphe fut peut-être le temps le plus difficile de sa vie. Il avait besoin de la plus grande circonspection, afin de ménager tous ses prosélytes. Obligé de traiter avec autant d'affection ceux qui avaient embrassé sa cause par intérêt et ceux qui l'avaient fait par conviction ou par dévouement, il était mis en demeure chaque jour de prouver la vérité de sa mission. Toutes les fois qu'on venait lui demander conseil, il lui fallait avoir sur les lèvres des versets de son *Livre divin* pour indiquer les règles de conduite qu'imposait la nouvelle religion. Tous ses actes étaient contrôlés ; sa vie publique, commentée par tous, ne devait laisser percer aucune contradiction ; une seule aurait suffi pour détourner à jamais ceux qui, frappés de son assurance, hésitaient encore à voir en lui un être supérieur au reste des hommes. Sa vie privée n'était un secret pour personne ; ses faiblesses étaient aussitôt dévoilées ; et, comme si cette tâche n'était pas suffisante, il avait encore à s'occuper de la direction de ses plus zélés disciples qui, puisant leurs inspirations dans la société intime du *prophète,* devaient montrer à l'univers le type des vrais musulmans.

Lorsque, après bien des vicissitudes, les armes furent devenues pour Mahomet le plus puissant moyen de propagation, il fut pour lui d'une urgente nécessité d'y engager, par l'espoir de récompenses dans un autre monde, tous ceux à qui la perspective d'un riche butin ne suffisait pas. Plus tard, lorsque sa religion fut assise dans l'Arabie, il dut trouver un emploi à l'esprit guerrier dont il avait animé les tribus. S'il ne les avait poussées contre l'étranger, elles se seraient

tournées contre elles-mêmes et Mahomet,
au lieu d'être le bienfaiteur de son pays,
en eût été le plus funeste ennemi. Il fut
donc forcé, dans l'intérêt même de sa
cause, d'exciter l'ardeur belliqueuse des
Arabes; ce qui lui était facile, car il sa-
vait manier les ressorts du cœur humain; crainte, espérance, désir de vain-
cre, ardeur de mourir, il inspirait ces divers sentiments à tous selon les besoins
du moment. Les chapitres du Coran dictés
à la Mecque respirent le langage de la to-
lérance. A Médine il n'en est plus de
même; le musulman devient un soldat au
service de Dieu qui lui a donné le monde
en partage et s'enrôle par conscience. Le
maniement des armes est pour lui un
acte de religion ; en cas d'attaque de la
part des infidèles, il est du devoir des

musulmans de quitter à l'instant leurs
affaires particulières et, sans attendre aucun ordre, de venir de la distance de
trente lieues secourir le point menacé.

Tous doivent rejoindre l'armée appro-
visionnés et équipés pour la campagne :
ordre leur est donné de résister indivi-
duellement jusqu'à la dernière extrémité
à un ou à plusieurs ennemis : *le paradis
est devant eux et l'enfer derrière*. Mahomet ne néglige rien pour organiser la
victoire. Ses Arabes combattront sur le
soir pour se couvrir de la nuit en cas
d'échec et profiter de la fatigue d'un ennemi tenu en éveil pendant les chaleurs
du jour. Chez eux, la vie des camps
prend un caractère grave et sérieux ; les
jeux de hasard, les passe-temps frivoles,
les conversations oiseuses sont défendues

aux soldats. Un sujet de morale, la piété, la probité, la crainte de Dieu doivent être la base de tous les entretiens ; la dévotion armée de ces braves exclut toute dée d'excès ; l'usage du vin est puni avec rigueur. Au milieu du fracas des armes, on se livre aux exercices d'un culte dont la simplicité est calculée.

Comment s'étonner, après cela, que les Arabes, se précipitant sur des nations dégénérées, soient devenus les maîtres du monde, et que ce général victorieux, arrivé à la dernière limite de l'Afrique occidentale, se soit écrié, dans son enthousiasme, en présence de l'Océan : *Dieu de Mahomet, si je n'étais pas arrêté par ces flots, j'irais porter la gloire de ton nom jusqu'aux confins de l'univers.*

LES SCIENCES CHEZ LES ARABES. — ÉCOLE DE BAGDAD.

Lorsque les Arabes furent devenus les maîtres du monde, ils cultivèrent les lettres et les sciences à une époque où elles étaient complétement négligées en Europe. Au moment même où Charlemagne faisait de vains efforts pour en ranimer l'étude, les Khalifes leur accordaient une protection plus efficace. Réunissant près d'eux les hommes les plus éclairés des pays soumis à leur domination, ils faisaient traduire du grec et du latin les ouvrages les plus importants, formaient de vastes bibliothèques et instituaient des écoles publiques où l'on commentait les livres d'Aristote, Hippocrate, Galien, Dioscoride, Euclide, Apollonius, Archimède, Hipparque et Ptolémée, dont plusieurs nous ont été transmis par la version arabe avant qu'on en eût découvert dans des dépôts ignorés les originaux. A Bagdad, capitale du nouvel empire, s'élevaient des académies où se traitaient des questions qui ne pouvaient intéresser que les esprits éminents et cette école célèbre à laquelle on doit les plus beaux monuments de l'astronomie du moyen-âge. C'est ainsi que disparaissaient peu à peu les dernières traces de la barbarie des premiers successeurs de Mahomet qui ne songeaient qu'à étendre leurs conquêtes.

Etrangers aux lettres, ils avaient ravagé l'Asie et l'Afrique, des bords du Gange jusqu'à l'Océan atlantique, soumis l'Espagne et la Gaule méridionale ; ils n'avaient pu être arrêtés dans leur marche triomphante que par les armes de Charles Martel, en 732.

Sous les khalifes Abbassides, comme on l'a fort bien dit, une noble émulation et, par-dessus tout, l'exemple et la protection du souverain dissipèrent l'ignorance et la grossièreté que l'on pouvait reprocher aux Arabes.

L'on vit naître alors ce grand nombre d'écrits de tout genre, source d'une infinité d'autres qui ont fait de la langue arabe la langue savante de l'Orient et de tous les Etats musulmans.

Tous ces écrits, imparfaitement connus, subsistent encore et composent une des plus riches littératures qui aient jamais été mises en lumière.

Il y a cependant des esprits prévenus qui se refusent à l'évidence et aux enseignements de l'histoire.

On lit dans un des derniers cahiers de la *Revue orientale :* « On a pu croire, *ja-* « *dis,* que la société arabe du moyen- « âge a compté dans son sein un certain « nombre de savants, profonde erreur « dont on reviendra, je l'espère ; il y a « sans doute quelques exceptions, je les « cherche et ne les vois pas ; chaque in- « vestigation nouvelle ajoute à ma désil- « lusion. »

L'auteur de ces lignes n'a qu'à parcourir le livre VI de l'histoire des Arabes de M. Sédillot, il reconnaîtra avec Humboldt, Arago, Chasles, de l'Académie des sciences, et bien d'autres, que l'Ecole arabe a existé, qu'elle a brillé du plus vif

éclat, et que nous lui devons tous les éléments de notre civilisation moderne. Il
ne porte évidemment ses regards que sur
l'empire ottoman, et il croit que l'influence pernicieuse du Coran a étouffé l'essor philosophique chez tous les peuples
qui en pratiquent les préceptes. Mais il ne
s'aperçoit pas que toutes les religions mal
interprétées ont toujours produit des résultats diamétralement opposés à ceux
que l'on pouvait en attendre. Est-ce que
des prêtres fanatiques n'ont pas fait de
Jésus, cette angélique figure, un moloch
altéré de sang et, comme le dit si bien
M. Renan, *avide de chair brûlée?* Les doc-
teurs de la foi musulmane ont aussi abusé
de quelques passages du Coran, pour
assurer leur domination sur des masses
ignorantes, et ils ont créé ce fatalisme

insensé qui comprime les intelligences et réduit l'homme à l'état de brute ; mais s'ils ont triomphé des races turque et berbère, il n'en est pas de même de la race arabe proprement dite.

Il faut bien reconnaitre qu'aujourd'hui l'élément arabe n'existe plus en Afrique, où, à de bien rares exceptions près, nous sommes en présence des Kabyles, c'est-à-dire de ces barbares désignés dans l'histoire sous le nom de *Maures indépendants*, et des Coulouglis (enfants des Turcs) ; ils ont embrassé l'islamisme, mais ils l'interprètent dans le sens le plus étroit. Il en est de même des Turcs d'Europe et d'Asie, d'origine scythique, descendants de ces nations qui vivent dans l'état sauvage et n'adorent d'autre Dieu qu'un sabre nu planté en terre. Ils sont devenus,

il est vrai, musulmans, mais dans la plus
mauvaise acception du mot et ils conser-
vent leur caractère primitif. La race arabe, au contraire, fière et énergique, fidèle
à ses mœurs patriarcales, semble douée
d'une éternelle jeunesse, elle est capable
des plus grandes choses quand une idée
élevée la domine ; son genre de vie, ses
passions généreuses, son noble orgueil,
son intelligence expliquent le rôle qu'elle
a rempli dans les trois parties du monde
d'une manière si différente des Tartares
du Nord.

Les Arabes sont-ils restés étrangers à
tout esprit de philosophie ? voilà ce qu'il
importe d'abord d'éclaircir.

On a prétendu qu'une religion fondée

sur la lettre même du Coran ne pouvait permettre à l'intelligence de se développer et de prendre un libre essor ; mais cette opinion provenait encore de l'ignorance des sources.

Il est aujourd'hui constant que la scolastique du moyen âge a été puisée dans les écrits des Arabes qui ont eu leurs *réalistes,* leurs *nominalistes,* leurs *conceptualistes,* etc. En premier lieu ils traduisirent Aristote, mais ils ne se bornèrent pas à le commenter ; ils connaissaient le *Phédon,* le *Cratyle* de Platon et son ouvrage sur les lois ; ils possédèrent plusieurs livres attribués à Pythagore ; ils avaient des notions très exactes sur ce qu'ils appelaient la seconde partie de l'histoire de la philosophie ; ils s'appuyaient particulièrement sur Thémistius, Alexandre Aphrodisias, Ammonius et Porphyre, Apollonius de Thyane, Plutarchus, etc. ; ils forment donc la chaine qui joint l'ancienne philosophie à la scolastique.

Parmi leurs sectes principales nous citerons seulement les *motazélites*, qui plaçaient les exigences de la raison au-dessus de la foi, et qui trouvèrent dans les khalifes Abbassides l'appui le plus ferme ; c'est ce qui explique le grand mouvement scientifique de l'Ecole de Bagdad à partir du ixme siècle ; le Coran à cette époque n'était donc pas un obs-tacle aux progrès de l'intelligence hu-maine.

L'auteur de l'article de la *Revue orien-tale* que nous avons cité, avoue que « l'Arabe ne copie pas servilement

« comme plagiaire, mais en toute li-
« berté, divisant ou réunissant à son
« gré les séries d'idées et introduisant
« dans l'ensemble ses propres opinions
« et ses souvenirs; » c'est là le véritable
caractère du savant qui indique claire-
ment tout ce qui a été fait avant lui et
qui ajoute aux travaux de ses devanciers
ses propres découvertes.

Il s'étonne de la fécondité des barba-
rismes avec laquelle les écrivains arabes
estropient les noms propres et communs;
et, chose merveilleuse! il ne se demande
pas si nous ne serions pas les seuls
coupables. Ainsi les Arabes ont traduit
le nom d'Hipparque par *Ibbarkhos*, et
dans Ibbarkhos nous avons vu *Abrachis ;*
pour Licinius, nous lisons : *Lekakious,*
Labkhious, Lagthious, Lanthious, Laksi-

nous : à qui la faute ? N'est-ce pas nous qui avons rendu, comme cela a été rappelé tout récemment, Aboubekre par *Albubater*, Abou-Merwan par *Abhomeron*, Ibn-Rosch par *Averroes*, Aboul-Hassan par *Ellachasem*, semt par *zénith*, Tabulæ astronomicæ par *ventus Almamonis*, emir albahr par *amiral,* etc. ? N'a-t-on pas imprimé dans le dictionnaire de Dezobry l'*almanach* d'Aboul-Wefa au lieu de l'*almageste!* Ne nous montrons donc pas si sévères pour les autres et si indulgents pour nous-mêmes.

Le fait est que les khalifes Almanzor, Haroun-Alraschid et Almamoun, l'Auguste des Arabes, ont les premiers encouragé l'étude des sciences dans leurs Etats; le dernier de ces princes surtout a donné une vive impulsion à l'astronomie, en ordonnant la révision de l'*Al-mageste* de Ptolémée, et en faisant faire de nouvelles observations par une commission composée des savants les plus habiles.

Un siècle plus tard, le célèbre Aboul-Wefa rédigeait un nouvel *almageste* qui résumait celui de Ptolémée, en y ajoutant des découvertes mathématiques du plus haut intérêt, et la détermination de la *troisième inégalité de la lune*. J.-B. Biot, au nom duquel le jugement de la postérité a déjà attaché le mot : *mala fides*, a voulu ne voir dans Aboul-Wefa qu'un copiste servile de Ptolémée ; mais M. Chasles, de l'Académie des sciences, qui, pour l'histoire des mathématiques, a déjà reçu le surnom de second *Montucla*, a réduit à néant les assertions passionnées de son ancien confrère dans deux dissertations d'une incontestable évidence.

Les Arabes, en astronomie, ont marqué leur passage par des progrès incontestables et rempli avec éclat l'immense intervalle qui sépare les écoles d'Athènes et d'Alexandrie de l'Ecole moderne. Arago, dans son *Traité d'astronomie populaire*, Humboldt, dans son *Cosmos*, l'ont surabondamment constaté.

Les mathématiques pures ont été cultivées par les Arabes avec un égal succès ; MM. Sédillot père et fils, MM. Wœpcke, Chasles, Buoncompagni, W. Morley, etc., ont mis en relief leurs travaux les plus importants.

Nous ne pouvons mieux compléter ce tableau qu'en reproduisant les passages

suivants d'un mémoire (1) du plus illus-
tre de nos orientalistes, après Silvestre
de Sacy, Etienne Quatremère, qui main-
tenait la France au premier rang dans
cette branche si importante de l'érudition.

« M. Sédillot, marchant sur les tra-
« ces de son père, poursuit avec une
« ardeur infatigable et un zèle d'autant
« plus méritoire qu'il n'est pas suffisam-
« ment apprécié, le projet de passer en
« revue les travaux que les Orientaux
« ont exécutés sur les sciences mathé-
« matiques. Il veut prouver avec évi-
« dence que les astronomes arabes ont
« contribué d'une manière notable aux
« progrès de cette belle science. M. Sé-
« dillot père avait rendu un service si-

(1) Mélanges d'histoire et de philologie orientale,
page 40 : *des Sciences chez les Arabes.*

« gnalé en faisant connaître à l'Europe

« les astronomes arabes et persans. La

« mort ne lui permit pas de publier ses

« travaux dont il se borna à communi-

« quer les résultats au savant Delambre,

« qui les consigna dans son *Histoire de*

« *l'astronomie du moyen-âge.* M. Sédil-

« lot fils, non content de compléter ces

« travaux, en a prodigieusement étendu

« le champ et s'est livré à des recherches

« aussi nombreuses qu'intéressantes sur

« l'histoire des sciences mathématiques,

« chez les Orientaux ; plusieurs ouvra-

« ges ont été publiés par lui sur cette

« matière. L'un des plus remarquables est

« à coup sûr son *Mémoire sur les instru-*

« *ments astronomiques des Arabes.* Je

« n'ai pas besoin d'indiquer les autres

« ouvrages et opuscules que sa plume a

« produits et dont aucun n'est inconnu
« aux amateurs éclairés de la littérature
« orientale. »

Les sciences physiques avaient acquis chez les Arabes un aussi grand développement que les sciences mathématiques ; ils doivent en être regardés, dit Humboldt, comme les véritables fondateurs, en prenant cette dénomination dans le sens auquel nous sommes habitués aujourd'hui. Sans doute, ajoute-t-il, dans le domaine de l'intelligence, l'enchaînement intime de toutes les idées rend très difficile d'assigner l'époque précise de leur naissance ; de bonne heure on voit briller çà et là quelques points lumineux dans l'histoire de la science et des procédés qui peuvent y conduire. Quel long temps s'écoula entre Dioscoride, qui extrayait le mercure du cinabre, et le chimiste arabe Djeber, entre les découvertes de Ptolémée en optique et celles d'Alhazen ! Mais les sciences naturelles ne peuvent être considérées comme fondées que du moment où un grand nombre d'hommes marchent de concert dans les voies nouvelles, bien qu'avec un succès inégal. Après la simple contemplation de la nature, après l'observation des phénomènes qui se produisent accidentellement dans le ciel et sur la terre, viennent la recherche et l'analyse de ces phénomènes, la mesure du mouvement et de l'espace dans lequel il s'accomplit.

« C'est à l'époque d'Aristote que pour la première fois fut mis en usage ce mode de recherches ; encore resta-t-il borné le plus souvent à la nature organique. Il y a dans

2

la connaissance progressive des faits physiques un troisième degré plus élevé que
les deux autres : c'est l'étude approfondie
des forces de la nature, de la transforma-
tion à laquelle ces forces travaillent et des
substances premières que la science dé-
compose pour les faire entrer dans des
combinaisons nouvelles. Le moyen d'o-
pérer cette dissolution, c'est de provoquer
soi-même et à son gré les phénomènes ; en
un mot, c'est l'*expérimentation.* ›

Les Arabes s'élevèrent à ce troisième
degré sur lequel notre savant physiolo-
giste, M. Claude Bernard, vient de publier
un livre si admirable (1). Ils s'attachè-
rent aux faits généraux, et ils créèrent la
pharmacie chimique, dont les premières

(1) *Introduction à l'étude de la médecine expéri-
mentale,* 1865.

prescriptions magistrales, nommées aujourd'hui *dispensatoires,* se répandirent par l'école de Salerne dans l'Europe méridionale.

La chimie prend chez les Arabes d'importants développements ; on trouve dans leurs écrits la composition de l'acide sulfurique, de l'acide nitrique, de l'eau régale, la préparation du mercure et d'autres oxydes de métaux, la fermentation alcoolique, etc.

Avec les progrès de la géographie qui devint une véritable science, la botanique ne pouvait rester stationnaire. L'herbier de Dioscoride fut augmenté de plus de 2000 plantes. Les Arabes eurent des jardins botaniques ; ils propagèrent l'usage de la rhubarbe, de la pulpe de tamarin et de cassia, de la manne, des feuilles

de séné, des mirobolans et du camphre.
L'emploi du sucre, qu'ils préféraient au
miel des anciens, les conduisit à une
foule de préparations salutaires et agréa-
bles : des sirops, des juleps, des conser-
ves de fruits et des électuaires. On doit
aux Arabes des aromates tels que la noix
de muscade, le clou de girofle. Ils portè-
rent l'agriculture au plus haut point de
perfection ; ils n'avaient point d'égaux
pour les procédés d'irrigation ; on connait
aujourd'hui le traité si complet d'Ibn-
Awan, que vient de traduire M. Clément
Mullet. Ajoutons à ce nom célèbre ceux
de Caswini, le Pline des Orientaux, et
d'Aldemiri, le Buffon des Arabes.

MÉDECINE.

Mais c'est en médecine que nous avons à constater les travaux les plus remarquables ; les écrits de Rhazès et d'Avicenne ont longtemps dominé dans nos écoles ; avant eux, Mesué avait composé des traités très estimés : les *démonstrations* en 30 livres, une pharmacopée, de véritables monographies sur les fièvres, les aliments, les catarrhes, les bains, les céphalalgies, etc.

Honain, qui florissait aussi au IXe siècle, ne fut pas moins célèbre. C'est à lui qu'un khalife demanda un poison assez subtil pour donner la mort à l'instant : « Je ne connais, répondit-il, que

des médicaments salutaires et n'en indi-
querai jamais d'autres. »

Rhazès de Reï florissait au commencement du xe siècle. Il dirigea longtemps
les grands hôpitaux de Bagdad et publia
plus de deux cents ouvrages, un *corpus*
médical, des traités sur la rougeole et la
petite vérole. Il introduisit l'usage des
minoratifs ou purgatifs doux et des préparations chimiques appliquées à la médecine. Il passa pour être l'inventeur du
séton. Il attachait beaucoup d'importance
à l'anatomie ; atteint dans sa vieillesse
d'une cataracte, il ne voulut se faire opé-
rer que par un chirurgien capable de lui
dire combien l'œil avait de membranes.

Avicenne (Ebn Sina), un des hommes
les plus extraordinaires de son siècle,
écrivit sur toutes les sciences. Ses *Canons*

ou Règles , divisés en cinq livres , traduits et imprimés plusieurs fois, ont longtemps servi de base aux études médica-
les dans les universités de France et d'I-
talie. Il mourut en 1037.

Albucasis (Aboul Cassem) fut le pro-
moteur de la chirurgie. Il donna une description très précise des instruments et indiqua la manière de s'en servir. Pour la
lithotomie, il indiqua le lieu d'élection
de nos chirurgiens modernes.

Aben Zoar (Ebn Zohr) ramena (vers
1130) la médecine aux lois de l'observation. On lui doit de sages préceptes sur les
luxations et les fractures, la description
de quelques maladies nouvelles, telles
que l'inflammation du médiastin, du péricarde, etc. On raconte que son fils ayant
accompagné Yousef au Maroc, celui-ci fit

venir secrètement de Séville la famille de son médecin, la logea dans une maison toute semblable à celle qu'elle occupait en Espagne, et le jeune Aben Zoar, appelé comme en consultation, fut agréablement surpris du spectacle qui l'attendait. Peu de princes ont montré une semblable délicatesse de procédés.

Averroës enfin composa des commentaires sur les *Canons* d'Avicenne, des traités sur les fièvres, etc. Son principal ouvrage a été imprimé à Venise sous le titre de *Collyget*, en 1490.

Le docteur Amoreux de Montpellier a donné en 1805 un essai historique et littéraire sur la médecine des Arabes, qui se trouve analysé dans l'ouvrage de M. Sédillot. On est surpris du nombre considérable de médecins qui ont laissé un nom

célèbre dans tout l'Orient. Nous leur devons les élixirs, les potions, les bols, les
pilules dorées ; c'est aux Arabes que nous
avons emprunté les alambics, cornues,
aludels, etc. Cette nomenclature, aussi
bien que la nomenclature astronomique,
est toute arabe. Quand on pense que l'Espagne et le midi de la France ont été pendant plusieurs siècles sous la domination
arabe, on ne peut être surpris que nous
ayons fait bien des emprunts à leur langue. Le grand dictionnaire de la langue
française de M. Littré laissera, sous ce
rapport, au point de vue des étymologies,
beaucoup à désirer. Non-seulement l'influence arabe s'est fait sentir parmi nous
au VIIIᵉ siècle de notre ère, mais à diverses époques l'expulsion des Maures de
l'Espagne a fait émigrer en France de

nombreuses tribus qui se sont répandues jusqu'en Auvergne. M. Amiel, en 1853, avait proposé au comité de publication des comités historiques de faire imprimer la correspondance relative à l'entrée sur notre territoire des Arabes exilés d'Espagne sous Henri IV (1603). On aurait pu étudier ainsi l'influence et les résultats de cette nouvelle immigration, si intéressante pour l'ethnographie et la linguistique. L'esprit étroit de quelques universitaires a fait échouer ce projet. Que devait-on attendre des Vadius et des Trissotins de notre époque !

NOTICES BIOGRAPHIQUES

SUR

LES MÉDECINS ARABES

LES PLUS CÉLÈBRES

DJEBER ou GEBER.

Geber, surnommé l'Arabe, était né à Séville en Espagne, vers la fin du viie siècle. Son nom veut dire *géant* et *roi;* c'est sans doute le motif qui lui a fait attribuer une origine princière.

Geber se distingua surtout comme alchimiste. On le considère comme un des premiers réformateurs de la chimie. Paracelse, qui n'a eu pour tous ses devanciers et contemporains que mépris et dédain, appelait Geber, *le maître des maîtres en cet art.* Boerhaave, dans ses Institutes de chimie, parle avec beaucoup de considération de ses travaux. Il y signale avec admiration plusieurs expériences que l'on a fait passer plus tard pour des découvertes. Leur exactitude est en effet remarquable, si toutefois l'on en excepte les opérations relatives à la pierre philosophale. Ainsi Geber traite de la nature, de la purification, de la fusion et de la malléabilité des métaux, des propriétés des sels et des eaux fortes.

L'or, suivant lui, guérit la lèpre et toutes sortes de maladies ; il le place en tête des métaux, comme étant celui qui se *porte le mieux*, tandis que les métaux inférieurs, comme l'*antimoine* par exemple, sont des *lépreux*.

Comme astronome, il corrigea plusieurs erreurs dans l'*Almageste* de Ptolémée et donna une exposition de son système. Quelques-uns lui ont attribué l'invention de l'algèbre, qui lui aurait emprunté son nom.

Parmi ses nombreux ouvrages on peut citer les suivants : *De Lapide Philosophico.* — *De Invenienda arte auri et argenti.* — *De Summa perfectionis magisterii in sua natura,* etc. — Ces ouvrages ont été traduits et publiés en anglais à Leyde, en 1668, par Richard Russell.

SÉRAPION.

Sérapion est de tous les médecins arabes celui qui s'est le plus occupé des plantes et des drogues. Il a publié, vers la fin du ixe siècle, un ouvrage dont les éléments lui ont été donnés par 79 auteurs qu'il a cités dans ses écrits. Dioscoride, Galien, Alexandre de Tralles sont ceux surtout qui lui ont fourni le plus de matériaux.

Il ne traite de la cure des maladies qu'autant que le régime et les médicaments y contribuent. En fait de chirurgie, il cite la *lithotomie* et même la *néphrotomie* pour en signaler seulement les dangers.

ALKINDI (JACQUES).

Ce médecin vivait au commencement
du xᵉ siècle. Il passe pour l'inventeur des
trochisques. Il avait un goût particulier
pour la matière médicale.

Alkindi prétendait expliquer et même
déterminer les vertus des remèdes d'après
l'arithmétique et la musique. Il veut,
par exemple, que l'action des purgatifs
soit combinée de façon qu'elle soit en
rapport exact avec les humeurs d'une
maladie quelconque.

Son ouvrage : *De Medicinarum com-
positarum gradibus investigandis libel-
lus,* a été réédité un grand nombre de

fois. Suivant Jean Pic il est, avec Roger
Bacon et Guillaume, évêque de Paris,
l'un des trois hommes qui se soient ap-
pliqués à la magie naturelle et permise.

RHAZÈS.

Rhazès ou Rasis, dont le nom arabe est Abou Becar Mohammed, et par corruption, Abubeter, Albubeter et Abubater, était fils d'un marchand de la ville de Ray (Réï) en Perse. Il étudia la philosophie et la médecine à l'école de Bagdad. De là, il passa au Caire, puis à Cordoue où il fut attiré par les sollicitations d'un homme puissant, riche et savant, nommé Almanzor.

Ses connaissances étendues lui valurent la direction du grand hôpital de Bagdad. Plus que ses devanciers il étudia la nature; son goût pour cette partie essentielle de l'art lui mérita le surnom d'*Expérimentateur*. Le savoir de ce médecin s'étendit aussi à l'astronomie et à l'alchimie.

On a de lui dix livres *(libri continentes)* dédiés à son bienfaiteur Almanzor, six livres d'aphorismes et quelques autres traités ou mémoires. Ses *continentes* sont un corps entier de médecine suivant l'auteur, aussi complet que celui d'Hippocrate.

Son livre sur les maladies des enfants est estimé et constitue le premier ouvrage qui traite expressément de ce sujet. Ses descriptions sont courtes, l'énumération des remèdes, au contraire, prolixe. Ce défaut est d'ailleurs commun à tous les médecins arabes.

Son traité de la Peste (de Pestilentia),

maladie qui se montra en Egypte vers
634, prouve que Rhazès était un grand
savant par rapport à son siècle. Aucun
de ses ouvrages n'eût plus de réputation
que son 9ᵉ livre sur les fièvres et les maladies contagieuses. Cet ouvrage servit
longtemps de guide dans les Universités.
Ainsi, à Louvain, il est particulièrement
recommandé aux professeurs par l'archi-
duc Albert et la princesse Isabelle, qui
visitèrent cette ville en 1717.

Les plus célèbres professeurs de l'Europe ne se contentèrent pas d'expliquer
les ouvrages de Rhazès : ils travaillè-
rent à les éclaircir par de nombreux commentaires. Ils ne s'apercevaient pas qu'ils
négligeaient ainsi les auteurs grecs que
Rhazès avait copiés.

Cet enthousiasme dura très longtemps.

Ce n'est qu'à la Renaissance des lettres
que les esprits, revenant à l'étude de la
langue grecque, découvrirent les sources
où la médecine arabe avait puisé.

Rhazès passe pour l'inventeur des sé-
tons. Il se servait des ventouses dans
l'apoplexie, d'eau froide dans les fièvres
continues et il en faisait boire abondam-
ment à ses malades ; il saignait dans la
petite vérole et la rougeole, purgeait beaucoup dans la lèpre, employait les acides
et la diète végétale contre la peste. Enfin
il condamnait tous les remèdes chauds
dans la pleurésie.

Passant un jour dans les rues de Cordoue et voyant un rassemblement, il
s'approcha et vit un homme tombé mort.
L'ayant examiné, il fit apporter des ver-
ges, les distribua à ceux qui l'entou-

raient, en garda une pour lui et exhorta les assistants à l'imiter. Il se mit aussitôt à frapper sur toutes les parties du corps et principalement à la plante des pieds. Les autres en firent autant; mais le reste de la foule les croyait fous. Au bout d'un quart d'heure, le moribond commença à se remuer et revint à lui, au milieu des acclamations du peuple qui criait : au miracle! Rhazès avait vu ce moyen produire le même résultat pendant son voyage de Bagdad en Egypte.

Rhazès perdit la vue à l'âge de 80 ans. Il mourut peu de temps après.

AVICENNE.

Le véritable nom d'Avicenne est Abou-
Ali Alhoussain ben-Ali ben-Sina, c'est-
à-dire, Houssain, père d'Ali, fils d'Ali,
fils de Sina. — De ce dernier mot,
Abensina, on a fait Avicenne. Il na-
quit à Bokhara l'an 370 de l'hégire, ou
980 de l'ère chrétienne.

Dès sa jeunesse, il s'adonna à l'étude
de la philosophie, des mathématiques,
et à l'âge de seize ans, il possédait déjà
Euclide et la plupart des auteurs qui ont
écrit sur ces sciences. Il avait appris par
cœur tout le Coran, et le sultan Cabous
lui confia sa bibliothèque. Il se mit alors

à lire les auteurs qui ont écrit sur la médecine ; il s'attacha tellement à cette étude qu'il y consacrait même les nuits. Ses ouvrages intitulés : *Canons* ou *Règles* ont paru sous le titre : *Opera omnia,* en 1484.

Les écrits d'Avicenne furent très répandus en Asie ; ils étaient même, aux XIIe et XIIIe siècles, encore très en vogue, principalement dans les Ecoles. Il fut, avec Rhazès, l'un des auteurs qui ont régné dans les Universités d'Europe jusqu'à la Renaissance des lettres. C'est surtout à Montpellier que sa doctrine fut suivie longtemps. Naguère encore il y avait des partisans. On comprend qu'il en ait été ainsi, puisque l'origine de cette Ecole remonte aux médecins arabes.

Dans les dernières années de sa vie,

Avicenne se retira à Ispahan, nouvelle Capoue dont les délices lui firent perdre le goût du travail. Entraîné par ses passions, il se livra à toutes sortes d'excès, ce qui faisait dire de lui : *La philosophie n'a pu lui apprendre à vivre, ni la médecine à conserver sa santé*. Il mourut à Médine, en 1036.

MÉSUÉ.

Mésué était fils d'un apothicaire de Nisabour, capitale de la province de Khorasan, en Perse. Son goût pour les sciences se déclara de bonne heure. La profession de son père lui inspira l'idée d'étudier la médecine. Au sortir de l'école, Mésué fut chargé de l'hôpital de sa ville natale. Quelques années après, il passa à Bagdad où il se fit beaucoup de disciples. Le khalife Haroun-al-Raschid, l'admirateur de Charlemagne auquel il envoya de magnifiques présents, choisit Mésué pour accompagner le vice-roi, son fils, surnommé Al-Mamoun, dans la province de Khorasan.

Son influence sur ce prince fut si grande que, dès son avénement au trône, le nouveau khalife fit convoquer un nombre de savants étrangers et se fit donner, par eux, la liste des meilleurs ouvrages écrits en diverses langues. Il les fit traduire en arabe et Mésué fut chargé de ce même soin pour les auteurs grecs apportés de différentes contrées.

C'était la première fois que les ouvrages de Galien et d'Aristote étaient traduits en arabe.

On cite 37 volumes écrits par ce médecin. Nous ne connaissons guère que ses travaux sur les médicaments purgatifs, les décoctions et quelques autres sujets de matière médicale.

AVENZOAR.

Abu - Meron Avenzoar, Abhomeron
Abynzohar et Aben-Zohr Alandalausi sont
les principaux noms attribués à ce médecin arabe qui vécut entre Avicenne et
Averroès, c'est-à-dire jusqu'au commen-
cement du XIIe siècle. Il était petit-fils de
médecin. Il se fixa à Séville où il s'ap-
pliqua à toutes les branches de l'art de
guérir, quoique ce ne fût pas dans les
habitudes de son temps. Peu partisan des
opérations sanglantes, il les conseilla cependant à ses disciples.

Un préjugé national lui faisait regar-
der l'opération de la pierre comme indé-

cente et contraire aux principes de sa religion.

Il a laissé un ouvrage : *Liber theisir*, qui contient toutes les règles pour l'emploi des remèdes et de la diète.

Abenzoar découvrit plusieurs maladies inconnues à ses prédécesseurs, savoir : les inflammations du médiastin, du péricarde, l'hydropisie du cœur (hydropéricarde), etc. C'est à tort qu'on lui attribue la première idée de la bronchotomie puisque le médecin arabe Aaron, d'Alexandrie, avait déjà décrit cette opération.

Si les historiens qui ont parlé d'Abenzoar sont exacts, il aurait vécu jusqu'à l'âge de 135 ans.

AVERROÈS.

Averroès, Averrhoès ou Aven-Roes, en arabe Aboul-Valid Mohammed ben Roschd, né à Cordoue, en Espagne, était en réputation vers le milieu du xiie siècle.

Il s'adonna à l'étude des lois, des mathématiques et de la médecine. Il se rendit célèbre par sa générosité, par la vivacité de son esprit et la grande subtilité de son raisonnement. Il avait une prédilection pour la philosophie et les doctrines d'Aristote. Ses ouvrages sont tellement empreints des principes aristotéliques qu'on l'a surnommé le *commentateur de l'âme d'Aristote*.

Dans son *Abrégé de médecine*, il ob-

serve que l'on ne peut avoir la petite
vérole qu'une seule fois. Galien lui servait de modèle dans sa pratique qui ne
parait pas avoir été très étendue. Ses
ouvrages cependant eurent beaucoup de
réputation, comme le prouvent les nombreuses éditions qui en ont été faites ;
tels sont les traités ou livres : *De The-
riaca tractatus. — De venenis liber.
— De simplicibus medecinis. — De fe-
bribus liber.*

On reproche à Averrhoès son irréli-
gion. Les dogmes chrétiens n'avaient
aucune valeur à ses yeux, à cause *du
mystère de l'Eucharistie.* Les préceptes
et observances légales des Juifs étaient à
ses yeux *une religion d'enfants.* Celle des
Mahométans, qui ne s'attachait qu'à satis-
faire les sens, *une religion de pourceaux.*

Ses croyances religieuses se résumaient à ce principe : *Moriatur anima mea morte philosophorum !* Ce qui veut dire : Que mon âme meure de la mort des philosophes !

Plusieurs conciles interdirent aux chrétiens la lecture des ouvrages d'Averroès.

Ajoutons que ces mêmes ouvrages et en particulier les idées philosophiques d'Averroès ont été, en 1853, de la part de M. Ernest Renan, l'objet d'une publication très intéressante.

ALBUCASIS.

Les noms arabes de ce médecin sont :
Abul-Casem-Chalaf Ben-al-Abbas-Alza-
haravi. Il est connu aussi sous ceux de
Bulcasis, Bulchasis, Albuchasius. Il vécut dans le xiie siècle ; on lui attribue
une méthode intitulée : *Al-Tasrif*. L'auteur paraît s'y être inspiré des écrits de
Rhazès et de Paul d'Egine. Il n'en est
pas de même de son livre sur la chirurgie
dont il a été le restaurateur. Il passe
pour le plus éminent des chirurgiens arabes. Il est le seul qui ait donné la description et l'usage des instruments de
chirurgie tout en indiquant les difficultés

et les dangers qui se rattachaient à telle ou telle opération.

Il paraît avoir possédé quelques connaissances anatomiques. Suivant lui, c'est une témérité que de se mêler de faire des opérations quand on ne connaît pas parfaitement les différentes parties du corps humain. Ainsi, en décrivant la lithotomie, il a indiqué le même lieu d'élection que choisirent plus tard, pour la taille latérale, Frère Jacques et Raw. Malgré l'importance de ses découvertes, sa réputation ne paraît pas avoir été très étendue puisque les historiens arabes en font à peine mention.

BEITHARIDES.

Né à Malaga dans le xii⁰ siècle, ce médecin est connu sous le nom arabe d'Aben-Bitar Abdallah ben Ahmad Aboul-Féda.

Passionné pour l'étude des plantes, il visita l'Afrique et presque toute l'Asie. A son retour des Indes, il se rendit au Caire et entra au service de Saladin, le premier des soudans d'Egypte.

Après la mort de ce prince, en 1193, on prétend qu'il fut nommé premier vizir du sultan de Damas, Malek-Al-Kamel. Il a laissé plusieurs ouvrages, entre autres celui intitulé : *Mofredato*

Thabbi, divisé en trois livres et dans lequel il traite des médicaments simples, et de tous les corps naturels qui servent dans les arts ou comme aliments. Il donne une description assez exacte de tous les médicaments dont Pline, Dioscoride, Sérapion, Mésué, n'avaient point parlé. Il en fait l'énumération sous leurs différents noms arabes, grecs et barbares.

En parlant des plantes, il s'étend sur leurs fleurs, leurs feuilles. Quant aux animaux, il fait connaître leur caractère, leurs maladies. Il s'occupe également de ce qui concerne l'art du vétérinaire, science très considérée à la cour des princes sarrasins et qui, sans doute, contribua à son élévation au vizirat.

Les ouvrages de Beitharides existent en plusieurs volumes dans la Bibliothèque de Leyde. La plupart ont été traduits en syriaque pour l'usage des médecins juifs.

Bochart a profité de son histoire des plantes pour composer le traité des animaux dont il est parlé dans l'Ecriture.

Les travaux de ce médecin méritaient assurément une traduction, car après Sérapion et Mésué, dont nous avons parlé, il doit être regardé comme un des principaux fondateurs de la matière médicale.

Beitharides mourut vers l'an 1248, à Damas suivant les uns, à La Mecque et même à Malaga suivant d'autres.

—

Cet aperçu biographique met en évidence l'erreur soutenue par certains au-

teurs, que les Arabes avaient dédaigné
l'étude de la médecine grecque. Nous
avons fait voir que les khalifes avaient
encouragé les traductions des livres grecs
et syriens, afin de répandre parmi leurs
sujets la littérature, la philosophie et les
sciences des anciens. Il est vrai que plus
tard les médecins arabes abandonnèrent
les principes de l'Ecole hippocratique
pour suivre les préceptes de Galien. Ils
se sont fait remarquer surtout par leur
esprit d'observation, mais aussi par leur
attachement aux croyances supersti-
tieuses. En leur défendant de troubler
le repos des morts, leurs dogmes reli-
gieux les mirent dans l'impossibilité
d'acquérir une connaissance suffisante
du corps humain pour tenter les opérations. Ils ont donc dû s'en tenir, pour

l'anatomie, à ce que les médecins grecs et syriens leur avaient appris sur cette branche de l'art de guérir.

Les progrès de la médecine arabe portent principalement sur la pathologie et la matière médicale ou chimie. C'est ainsi qu'on leur doit, d'une part, la découverte de plusieurs maladies que nous avons déjà signalées ; d'autre part, celle des loochs, juleps, trochisques, bols ou pilules argentées et dorées, etc.

A côté de ces perfectionnements utiles, nous voyons avec regret les Arabes attribuer une influence médiatrice et préservatrice à leurs *talismans*, représentant telle ou telle figure, aux *amulettes* des Grecs et aux *abracadabras* des auteurs du Bas-Empire. Avouons, à ce sujet, que ces défaillances ont toujours existé et

qu'elles exerceront toujours leur influence sur les esprits crédules. Ne
voyons-nous pas, aujourd'hui même,
les tireuses de cartes, les rebouteurs,
les somnambules, enfin les Barnum de
tous les métiers en imposer à la foule et
se faire une réputation universelle!!!

TABLE DES MATIÈRES.

MAHOMET.

Pages.

Jugements divers des biographes. —
Les Arabes, race intelligente et fière.
— Apôtre et législateur Mahomet sait
leur inspirer la crainte de Dieu et le
mépris de la mort. — Il fait appel à la
raison humaine et s'appuie sur l'unité
de Dieu. — Entraîné à faire la guerre
aux infidèles, il organise la victoire . 5 à 13

LES SCIENCES CHEZ LES ARABES.

Pages.

Les khalifes Abbassides protégent
les savants. — Ils font traduire les livres grecs. — Favorisent par tous les
moyens le progrès des sciences. — Philosophie.— Mathématiques. — Astronomie. — Physique. — Chimie. — Botanique . . . . 13 à 32

LA MÉDECINE CHEZ LES ARABES.

Ecole de Bagdad. — Ecole de Cordoue. — Travaux et découvertes . . 32 à 39

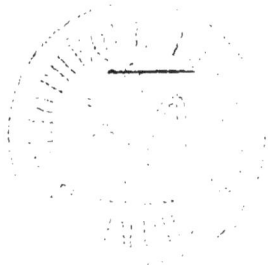

NOTICES BIOGRAPHIQUES.

MÉDECINS ARABES LES PLUS CÉLÈBRES.

	Pages.
Djeber ou Geber.	41
Sérapion	44
Alkindi	45
Rhazès	47
Avicenne	52
Mésué	55
Avenzoar	57
Averroès	59
Albucasis	62
Aben-Bitar (Beitharides)	64

ANNECY. — IMPRIMERIE DE LOUIS THÉSIO.

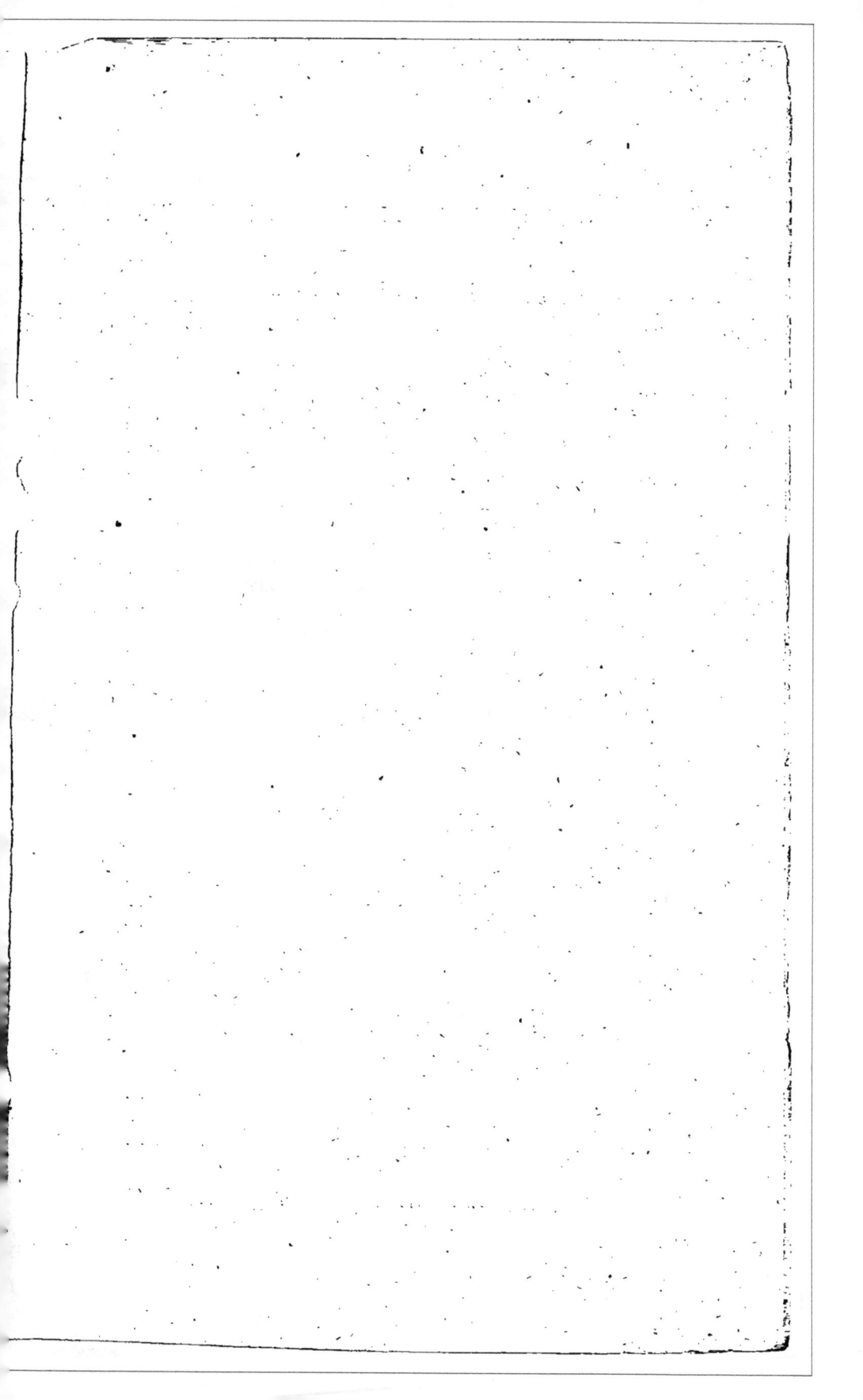

EN VENTE CHEZ LES MÊMES ÉDITEURS

Simon (Jules). — L'École. nouvelle édition. 1 vol. in-8. 6

Lamartine (Alphonse de). — La France parlementaire pendant vingt ans (1834-1851). OEuvres oratoires et écrits politiques. 6 vol. in-8. 6 fr. le vol. . . . . »

Reyntiens (N.). — L'Enseignement primaire et professionnel en Angle-terre. 1 vol. in-8. 6

— Débats de l'assemblée de Francfort sur les questions de l'Église et de l'Instruction publique. 1 vol. gr. in-8. . . . .

Laveleye (Emile de). — L'Enseignement obligatoire. 1 vol. in-18. . . .

— Questions contemporaines. 1 vol. in-18. 3

Molinari (G. de). — Questions d'économie politique et de droit public. 2 vol. in-8. 10

— Cours d'économie politique. 2 forts vol. in-8. 2ᵉ édition. 15

Villiaumé (N.). — Nouveau Traité d'économie politique. 3ᵉ édition. 2 vol. in-8. 15

Le Hardy de Beaulieu (Ch.). — Traité élémentaire d'économie politique. 1 gros vol. in-18. 4

Larroque (Patrice).—De la guerre et des armées permanentes. 2ᵉ édition. 1 vol. in-8. 3

— Même ouvrage, 1 vol. in-18. 3

Ducpétiaux (Ed.). — De la condition physique et morale des jeunes ou-vriers et des moyens de l'améliorer. 2 vol. in-8. 6

— De l'état de l'instruction primaire et populaire en Belgique, com-paré avec celui de l'instruction en Allemagne, en Prusse, en Suisse, en France, en Hollande et aux États-Unis. 2 vol. in-18. 2

— Des progrès et de l'état actuel de la réforme pénitentiaire et des institutions préventives aux États-Unis, en France, en Suisse, en Angleterre et en Belgique. 3 vol. in-18 avec planches. . . . 6

Boétie (De la). — De la servitude volontaire (1548), préface de F. de La-mennais. 1 vol. in-32. 1

Considérant (N.). — Du travail des enfants dans les manufactures et dans les ateliers de la petite industrie. 1 vol. in-8. 1

Fisco et Van der Straeten. — Institutions et Taxes locales du Royaume-Uni de la Grande-Bretagne et d'Irlande. 2ᵉ édition, revue et augmentée. 1 vol. in-8. 7

Sève (Ed.). — Le Nord industriel et commercial (Russie, Suède, Norvége, Danemark, Allemagne. 3 vol. in-8. Prix : 5 fr. le vol. . . 7

Molinari (G. de). Lettres sur la Russie. 1 gros vol. in-18. 4

Rau. — Traité d'économie nationale; traduit de l'allemand. 1 vol. in-8. 8

Giron — Essai sur le droit communal de la Belgique. 1 vol. in-8. . . . 4

www.ingramcontent.com/pod-product-compliance
Lightning Source LLC
Chambersburg PA
CBHW071245200326
41521CB00009B/1633

www.ingramcontent.com/pod-product-compliance
Lightning Source LLC
Chambersburg PA
CBHW071241200326
41521CB00009B/1582